BERICHTE ÜBER DIE VERHANDLUNGEN DER SÄCHSISCHEN AKADEMIE DER WISSENSCHAFTEN ZU LEIPZIG

Mathematisch-naturwissenschaftliche Klasse

Band 102 · Heft 4

VICTOR VÂLCOVICI

UNE EXTENSION DES LIAISONS NON HOLONOMES ET DES PRINCIPES VARIATIONNELS

AKADEMIE-VERLAG · BERLIN

1958

Vorgelegt durch Hrn. Hölder in der Sitzung vom 6. Mai 1957

Manuskript eingeliefert am 6. Mai 1957

Druckfertig erklärt am 11. Dezember 1957

Erschienen im Akademie-Verlag GmbH, Berlin W 8, Mohrenstraße 39
Lizenz-Nr. 202 · 100/541/57
Gesamtherstellung: Druckhaus „Maxim Gorki", Altenburg
Bestell- und Verlagsnummer: 2027/102/4
Preis: DM 2,40
Printed in Germany

1. On exprime d'habitude les liaisons auxquelles est soumis le mouvement d'un système de points matériels par des relations finies ayant la forme:

$$f(q, \dot{q}, t) = 0, \tag{1}$$

où nous avons désigné par q les coordonnées généralisées du système, par $\dot{q}$ le vitesse du point représentatif dans l'espace de configuration et par t le temps. On dit que la liaison est holonome ou non holonome selon que la relation (1) qui y correspond peut être remplacée ou non par une autre équivalente à elle, qui ne contienne plus les dérivées $\dot{q}$.

Le caractère artificiel de cette classification purement formelle des liaisons est dû en grande partie à leur expression fonctionelle (1) qui ne tient compte qu'indirectement de la nature géométrique de la liaison; car directement la liaison doit être une obligation de nature géométrique imposée au *déplacement* du point, et non à ses coordonnées ou à sa vitesse. La structure mathématique de la Mécanique est née du but que celle-ci se propose de poursuivre à chaque instant le déplacement du mobile d'une position connue, dans une autre voisine, de sorte que la liaison devrait préciser à chaque instant les conditions auxquelles ce déplacement même doit être soumis.

En adoptant cette manière de voir, imposée par la nature de la discipline, on aura aussi l'avantage d'une remarquable extension, sans aucun effort, de la classe des liaisons non holonomes.

On se croit obligé d'habitude d'accentuer la distinction entre les liaisons holonomes et celles non holonomes, en vue de la méthode que l'on emploie pour traiter les problèmes se rapportant à chacune des deux catégories de liaisons.

On a cru même avoir démontré que la condition nécessaire et suffisante pour que le principe d'Hamilton soit valable est que les liaisons soient holonomes[1]) ce qui est juste d'ailleurs dans un certain sens, si l'on tient compte de l'observation faite par G. Hamel concernant les équations de mouvement exprimées à l'aide des quasi-coordonnées[2]). Avec la nouvelle interprétation des liaisons les quasi-coordonnées disparaissent et avec elles disparaitra aussi la discussion que l'on a faite autour de la question si les principes variationnels de la Mécanique peuvent ou non être appliqués aux systèmes non holonomes.

Dans le présent travail nous allons présenter cette extension de la notion de liaison non holonomes et nous montrerons que les principes variationnels connus de la Mécanique, tels qu'ils ont été précisés par O. Hölder ([1]), et traités depuis par divers auteurs ([2], [3], [4], [5]), continuent à être valables même pour cette nouvelle classe élargie de liaisons. Nous montrerons ensuite qu'il existe outre les principes classiques de moindre action et d'Hamilton une infinité de principes ayant un caractère variationnel. Tous ces principes se rapportent à des mouvements variés non synchrones, les mouvements variés se distinguant du mouvement réel à l'aide d'une fonction δt du temps, qui doit satisfaire une certaine relation de condition.

§ 1
Relations de liaison

2. *Origine physique des relations de liaison.* Nous supposerons que le point matériel A_i de masse m_i, ayant le vecteur de position $\bar{r}_i$ et appartenant à un système (A_i) de n points materiels $(i = 1, 2, \ldots, n)$ est soumis à l'action de la force proprement dite $\overline{F}_i$, un vecteur fonction du temps t, des vecteurs de position

[1]) Voir p. ex. [12].

[2]) [7] pp. 96–97.

$\bar{r}_1, \bar{r}_2, \ldots, \bar{r}_n$ ainsi que des dérivées $\dot{\bar{r}}_1, \dot{\bar{r}}_2, \ldots, \dot{\bar{r}}_n$ de ces vecteurs par rapport au temps, défini (univoquement) dans un certain domaine D de l'espace $S(t, \bar{r}_1, \ldots, \bar{r}_n)$ à $3n + 1$ dimensions propre au problème, le point d'application de $\bar{F}_i$ étant en A_i.

Désignons par $d\bar{r}_i$ le déplacement (infinitésimal) réel du système considéré, au moment t, les vitesses $\bar{v}_i (= \dot{r}_i)$ et les accélérations $\bar{a}_i (= \ddot{r}_i)$ étant celles qui correspondent aux forces et aux liaisons imposées au système.

Le déplacement $d\bar{r}_i$ $(i = 1, 2, \ldots, n)$ satisfait les relations de liaison qui découlent des obligations géométriques imposées au système; celles-ci auront la forme:

$$f(d\bar{r}_1, d\bar{r}_2, \ldots, d\bar{r}_n, dt) = 0,$$

la fonction f dépendant aussi des éléments cinématiques du système au moment t. A cause du caractère infinitésimal des arguments la fonction f devra être homogêne en $d\bar{r}_1, d\bar{r}_2, \ldots, d\bar{r}_n$ et dt. Nous la supposerons linéaire et homogène par rapport à ces variables,

$$(2) \qquad \sum_{i=1}^{n} \bar{\alpha}_{ij}\, d\bar{r}_i + \beta_j\, dt; \quad j = 1, 2, \ldots, m;$$

m étant le nombre des relations scalaires de liaison. Nous supposerons que les quantités $\bar{\alpha}_{ij}$ ayant un caractère vectoriel sont des fonctions définies (univoquement), continues et dérivables des arguments $t, \bar{r}_1, \ldots, \bar{r}_n, \dot{\bar{r}}_1, \ldots, \dot{\bar{r}}_n; \ddot{\bar{r}}_1, \ldots, \ddot{\bar{r}}_n$ dans le domaine D' correspondant au domaine D et consistant du domaine D lui-même auquel on adjoint le domaine de la variation des vitesses et des accélérations qui convient au problème. Les quantités scalaires β_j sont des fonctions des mêmes arguments, satisfaisant aux conditions analogues de continuité et de dérivabilité dans le domaine D'.

Le mouvement instantané du système, c'est-à-dire, en dernière analyse, le déplacement réel $d\bar{r}_i$ doit satisfaire à tout moment à la condition (2). Cette condition est réalisée, comme on sait, par la forme générale des équations de la dynamique, fournie par le principe du travail virtuel

(3) $$\sum_{i=1}^{n} (\bar{F}_i - m_i \bar{a}_i) \delta \bar{r}_i = 0;$$

ici nous avons désigné par $\delta \bar{r}_i$ le déplacement virtuel correspondant au système, compatible avec les liaisons. Pour que le déplacement virtuel soit compatible avec les liaisons exprimées par les relations (2) il faut et il suffit que l'on ait

(4) $$\sum \bar{\alpha}_{ij} \delta \bar{r}_i = 0; \quad j = 1, 2, \ldots, m.$$

A cet égard il convient de faire une observation très importante qui mettra le développement des calculs à l'abri d'une grave erreur.

Les relations (2) ont un double rôle dans la résolution du problème de Mécanique: le premier est celui d'indiquer, comme nous l'avons mentionné plus haut, la condition que le déplacement réel $d\bar{r}_i$ doit remplir à chaque instant; le second, non moins important, est celui de fournir les relations (4) auxquelles doivent satisfaire les déplacements virtuels $\delta \bar{r}_i$. Pour remplir leur premier rôle elles peuvent être mises aussi sous la forme

(2′) $$\sum_{i=1}^{n} \bar{\alpha}_{ij} \bar{v}_i + \beta_j = 0; \quad j = 1, 2, \ldots, m,$$

que l'on tire des relations (2) en les divisant par dt. Mais pour leur second rôle la forme (2) leur est obligatoire, et comme on ne peut pas toujours retrouver la même forme (2) de ces relations en partant des relations (2′), il faut se garder de remplacer les relations (2) par les relations (2′) avant d'avoir écrit les relations (4).

On suppose d'habitude que les fonctions $\bar{\alpha}_{ij}$ et β_j dépendent seulement des quantités t et $\bar{r}_1, \bar{r}_2, \ldots, \bar{r}_n$; dans ce cas particulier on peut passer dès le début, sans encourir aucun risque, aux relations de forme finie (2′), car celle-ci mènent à l'aide de la multiplication par dt, sans aucune équivoque, à la forme pfaffienne (2). Dans le cas général où les fonctions $\bar{\alpha}_{ij}$, β_j dépendent en plus des quantités $\dot{\bar{r}}_1, \ldots, \dot{\bar{r}}_n, \ddot{\bar{r}}_1, \ldots, \ddot{\bar{r}}_n$ on pourrait arranger les termes des relations (2′) de manière à en obtenir plusieurs formes différentes (2) et, partant, plusieurs formes pour les relations (4), conduisant à des mouvements différents.

Aussi sera-t-on obligé de formuler les relations de condition sous la forme (2) afin de pouvoir en déduire les relations (4) qui sont nécessaires au problème si l'on veut utiliser le principe du travail virtuel sous la forme (3).

Il est vrai que de cette manière les relations non holonomes ayant une expression finie,

$$f(q, \dot{q}, t) = 0,$$

non linéaire par rapport à q, se trouvent exclues si elles n'ont pas été données d'abord sous une forme (2). Mais il est bien probable que les relations de liaison qui se trouvent ainsi exclues n'ont pas d'existence réelle[1]); d'ailleurs les exemples de liaisons non linéaires que l'on a donnés jusqu'à présent ont une construction artificielle, purement mathématique.

3. *Elargissement de la classe des liaisons.* D'habitude on suppose que les fonctions $\bar{\alpha}_{ij}$ et β_j dépendent seulement des quantités t et $\bar{r}_1, \bar{r}_2, \ldots, \bar{r}_n$; ici on suppose qu'elles peuvent dépendre aussi des quantités $\dot{\bar{r}}_1, \ldots; \ddot{\bar{r}}_1, \ldots$; et par là on crée une classe très générale de liaisons qui comprend comme des cas particuliers celles envisagées jusqu'à présent[2]).

Nous supposerons que le mouvement du système soumis aux m relations de liaisons est possible et bien déterminé par les conditions initiales du problème. Il est évident que si le mouvement est possible en tenant compte de toutes ces relations, il le sera aussi si l'on en supprimait une partie.

4. *Relations distinctes de liaisons.* Nous dirons que la liaison exprimée par une certaine relation (2) correspondant, disons, à la valeur ν de l'indice j ($\nu \in 1, 2, \ldots, n$) est distinctes si cette relation ne peut être déduite comme une conséquence des équa-

---

[1]) Voir p. ex. [8] p. 499, no 249.

[2]) On pourrait d'ailleurs déduire les équations de mouvement du système même si l'on renonçait aux conditions de continuité concernant les fonctions $\bar{\alpha}_{ij}$ et β_i.

tions de mouvement soumises aux autres $m - 1$ relations de liaison; autrement dit, la relation $j = \nu$ n'est pas identiquement satisfaite par la solution des équations de mouvement du systemè soumis seulement aux autres $m - 1$ relations. Dans le cas contraire la liaison considérée sera dite *non distincte*, et elle devra être éliminée des relations (2) comme inutile[1]) car elle serait inopérante pour ce qui concerne la solution du problème, si par hasard on en tenait compte[2]). Il s'ensuit que le problème du mouvement du système ne change pas de solution, même si parmi les relations (2) il y en avait quelques unes non distinctes.

Si les m relations (2) sont *distinctes*, elles seront également *distinctes entre elles*, c'est-à-dire aucune ne pourra être une conséquence des autres $m - 1$. Par conséquent, le rang de la matrice rectangulaire $(\bar{\alpha}_{ij})$ ayant m lignes et $3n$ colonnes sera égal à m. Nous ferons l'observation, ici comme ci-dessus, que la solution déterminée du problème avec la considération des relations (2) non distinctes entre elles est identique avec la solution du même problème en considérant seulement les relations (2) distinctes entre elles. Cette observation ajoutée à l'autre analogue, que nous venons de faire par rapport aux liaisons distinctes nous épargne la fatigue d'un vérification à priori pour décider si les relations (2) sont distinctes, distinctes entre elles ou non, opération qui pourrait être incommode quelquefois.

---

[1]) Un exemple d'une telle liaison *non distincte* aparait dans le problème traitée par M. O. BOTTEMA ([15]) où il s'agit du mouvement d'un point P sur un disque pouvant tourner dans son plan autour d'un point fixe 0; il n' y a ni frottements ni forces extérieures. L'intégrale première $I\dot{\varphi} + mr^2 (\dot{\varphi} + \dot{\psi}) = \text{const}$ (I, moment d'inertie du disque par rapport à 0; m, masse du point P; $r = \text{dist } OP$; φ, angle de rotation du disque par rapport à une direction fixe de l'espace; ψ, angle de rotation du point P par rapport au disque) du problème est prise par cet auteur, dans le cas particulier const $= 0$, comme une liaison non holonome, ce qui n'est pas juste.

[2]) C'est ce qui arrive avec la „liaison" du problème de M. BOTTEMA, dont la solution trouvée par son Auteur est identique à celle que l'on obtiendrait en faisant abstraction de cette „liaison".

Nous supposerons dans ce qui suit que les m relations de liaison (2) sont *distinctes*, donc *distinctes entre elles* aussi.

Nous prendrons $m < 3n$. Dans le cas $m = 3n$ les $3n$ coordonnêes cartésiennes, x_i, $(i = 1, 2, \ldots, 3n)$ du système seraient liées par $3n$ relations qui constituraient un système déterminé de $3n$ équations différentiels pour les $3n$ inconnues x_i considérées comme fonctions du temps. Le problème ne serait possible que si les solutions du système (2) satisfaisaient les conditions mécaniques du problème déterminant le mouvement du système donné, ce qui signifierait que les relations (2) ne seraient pas *distinctes* dans le sens précisé ci-dessus.

Nous dirons que le système possède s degrés de liberté,

$$s = 3n - m.$$

L'équation fondamentale de la Mécanique est

$$\sum_{i=1}^{n} (\bar{F}_j - m_j \bar{a}_i)\, \delta r_i = 0, \tag{3}$$

$\delta \bar{r}_i$ désignant le déplacement virtuel du système soumis aux conditions

$$\sum_{i=1}^{n} \bar{\alpha}_{ij}\, \delta \bar{r}_i = 0; \qquad j = 1, 2, \ldots, m \tag{4}$$

que l'on déduit des relations de liaison (2) en considérant le temps t comme constant.

Les formules (2) et (4) contiennent comme des cas particuliers tous les cas des systèmes non holonomes traités jusqu'à présent.

5. *Liaison scléronome. Système scléronome.* Nous dirons qu'une liaison est *scléronome* si elle est représentée par une relation (2) avec $\beta_j = 0$. Si toutes les liaisons du système sont scléronomes elles seront exprimées par les relations

$$\sum_{i=1}^{n} \bar{\alpha}_{ij}\, d\bar{r}_i = 0; \qquad j = 1, 2, \ldots, m. \tag{2'}$$

Dans ce cas le système sera dit *scléronome.*

Les quantités $\bar{\alpha}_{ij}$ peuvent dépendre explicitement de tous les arguments t, $\bar{r}_i$, $\dot{\bar{r}}_i$, $\ddot{\bar{r}}_i$, même dans les cas des liaisons scléronomes.

Toutefois si l'une quelconque des relations (2′) représentant une liaison scléronome est en même temps holonome, c'es-à-dire qu'elle pourrait être remplacée par une relation de la forme

$$f = 0,$$

f étant une fonction finie, ne dépendant pas des dérivées $\dot{\bar{r}}_i$, $\ddot{\bar{r}}_i$, alors la fonction f ne dépendra non plus du temps t explicitement. Car si f dépendait de t, on aurait

$$\sum \nabla_i f \, d\bar{r}_i + \frac{\partial f}{\partial t} dt = 0,$$

l'où l'on voit que la liaison correspondante ne pourrait être scléronome qu'avec la condition:

$$\frac{\partial f}{\partial t} \equiv 0.$$

In s'ensuit que toute liaison scléronome et holonome s'exprime par une relation de la forme $f = 0$, la fonction f dépendant seulement de $\bar{r}_i$ (abstraction faite d'un facteur qui pourrait avoir une forme arbitraire mais qui ne devrait changer le caractère de la relation de liaison).

§ 2

Coordonnées généralisées

6. Supposons qu'une partie des liaisons (2) soient holonomes, c'est-à-dire qu'elles puissent s'exprimer par des fonctions finies, dépendant seulement de la position du système et du temps t. En choisissant h d'entre elles nous pourrions mettre en évidence k $(= 3n - h)$ coordonnées généralisées, $q_1, q_2, \ldots, q_k$, du système, de sorte que l'on aura:

$$(5) \qquad \bar{r}_i = \bar{r}_i(q_1, q_2, \ldots, q_k, t); \qquad i = 1, 2, \ldots, n.$$

On aura réalisé de cette façon une substitution $(\bar{r}) \to (q)$, valable aussi dans le cas spécial $h = 0$, $k = 3n$. Le déplacement réel $d\bar{r}_i$ du système sera lié au déplacement dq_j du point correspondant appartenant à l'espace des configurations (q) par les relations:

$$(6)\qquad d\bar{r}_i = \sum_{j=1}^{k} \frac{\partial \bar{r}_i}{\partial q_i} d q_j + \frac{\partial \bar{r}_i}{\partial t} d t; \quad i = 1, 2, \ldots, n,$$

que l'on déduira de (5). La vitesse $\bar{v}_i$ du point A_i sera également liée aux composantes $\dot{q}_i$ de la vitesse du point correspondant de l'espace (q):

$$(7)\qquad \bar{v}_i = \dot{\bar{r}}_i = \sum_{j=1}^{k} \frac{\partial \bar{r}_i}{\partial q_j} \dot{q}_j + \frac{\partial \bar{r}_i}{\partial t}; \quad i = 1, 2, \ldots, n.$$

D'une manière analogue on exprime l'accélération $\ddot{\bar{r}}_i$ en fonction de t, q, $\dot{q}$, $\ddot{q}$. En substituant les expressions trouvées pour $d\bar{r}_i$, $\dot{\bar{r}}_i$, $\ddot{\bar{r}}_i$, dans (2), une partie des relations de liaisons seront identiquement satisfaites (celles qui ont engendrées les coordonnées généralisées $q_1, \ldots, q_k$) et le reste prendront la forme

$$(8)\qquad \sum_{i=1}^{k} a_{ij}\, d q_i + b_j\, d t = 0; \quad j = 1, 2, \ldots, p; \quad p = m-k,$$

où les a_{ij}, b_j signifient des fonctions définies, continues et dérivables de q, $\dot{q}$, $\ddot{q}$, t dans un certain domaine Δ de l'espace (q) correspondant au domaine D' de l'espace réel. Les relations de liaison (8) seront *distinctes.* (Quelques unes d'entre elles pourraient être holonomes.) Le système aura $s\,(= 3n - m)$ degrés de liberté,

$$s = k - p = 3n - m.$$

A chaque déplacement virtuel $\delta\bar{r}_i$ $(i = 1, 2 \ldots, n)$ de l'espace réel correspondra un déplacement virtuel δq_j $(j = 1, 2, \ldots, h)$ du point représentatif dans l'espace des configurations; celui-ci sera soumis aux conditions

$$(9)\qquad \sum_{i=1}^{k} a_{ij}\, \delta q_i = 0; \quad j = 1, 2, \ldots, p,$$

que l'on déduit de (8) en considérant le temps t comme constant.

L'équation fondamentale (3) exprimée à l'aide des coordonnées généralisées deviendra:

$$(10) \qquad \sum_{i=1}^{k} \left[Q_i - \frac{d}{dt}\left(\frac{\partial T}{\partial \dot{q}_i}\right) + \frac{\partial T}{\partial q_i} \right] \delta q_i = 0;$$

nous avons désigné par T l'énergie cinétique du système, fonction de q, $\dot{q}$ et t et par Q_i ($i = 1, 2, \ldots, k$) les composantes de la force dans l'espace des configurations,

$$(11) \qquad Q_i = \sum_{j=1}^{n} \bar{F}_j \frac{\partial \bar{r}_j}{\partial q_i}; \qquad i = 1, 2, \ldots, k.$$

Liaison scléronome. Système scléronome. Nous dirons, comme avant, que la liaison (8) pour laquelle on a $b_\nu = 0$ ($\nu \in [1, p]$) est *scléronome.*

Si le système est scléronome dans l'espace réel ($\beta_j = 0$ pour $j = 1, 2, \ldots, m$) toutes les liaisons (8) seront scléronomes, c'est à-dire que l'on aura

$$b_j = 0 \qquad \text{pour} \quad j = 1, 2, \ldots, p.$$

Car le temps t n'apparaitra dans aucune des relations (5), celles-ci étant déduites des relations holonomes qui, en vertu de l'observation faite à la fin du No 2, ne contiendront pas t explicitement. On aura donc

$$\frac{\partial \bar{r}_i}{\partial t} = 0; \qquad i = 1, 2, \ldots, n$$

et, par conséquent,

$$b_j = 0; \quad j = 1, 2, \ldots, m.$$

Il est normal d'appeler le système toujours *scléronome* et par rapport aux coordonnées généralisées $q_1, \ldots, q_k$, de sorte que l'on pourra énoncer la propriété suivante:

Un système qui est scléronome dans l'espace réel se maintiendra scléronome et dans l'espace des configurations.

§ 3
Equations de mouvement

7. En éliminant les quantités $\delta \bar{r}_i$ entre les relations (3) et (4) à l'aide des multiplicateurs de Lagrange on ontiendra les équations du mouvement du système dans l'espace réel:

$$(12) \qquad m_i \bar{a}_i = \bar{F}_i + \sum_{j=1}^{m} \lambda_i \bar{\alpha}_{ij}; \qquad i = 1, 2, \ldots, n.$$

En éliminant les quantités δq_i entre les relations (9) et (10) à l'aide d'autres multiplicateurs de Lagrance on obtiendra les équantions de mouvement du système en coordonnées généralisées

$$(13) \qquad \frac{d}{dt}\frac{\partial T}{\partial \dot{q}_i} - \frac{\partial T}{\partial q_i} = Q_i + \sum_{j=1}^{p} \lambda_j a_{ij}; \quad i = 1, 2, \ldots, k.$$

Les formes (12) et (13) sont connues; seulement ici elles se rapportent à des liaisons bien plus générales que d'habitude. En utilisant les équations (12) ou (13) on peut vérifier directement l'affirmation faite ci-dessus que si une partie des relations (2) était *non distinctes* le problème conduirait à la même solution que l'on obtiendrait en les supprimant.

On sait que l'expression:

$$\sum_{j=1}^{m} \lambda_j \alpha_{ij}$$

représente la résultante des réactions de liaisons agissant sur le point A_i. Il s'ensuit que l'expression du travail élémentaire de toutes les réactions de liaison, $d\Lambda$, correspondant au déplacement $d\bar{r}_i$ du système sera:

$$d\Lambda = \sum_{i=1}^{n} \sum_{j=1}^{m} \lambda_j \bar{\alpha}_{ij} d\bar{r}_i.$$

Mais de (2) on tire

$$\sum_{i=1}^{n} \sum_{j=1}^{m} \lambda_j \bar{\alpha}_{ij} d\bar{r}_i + \sum_{j=1}^{m} \lambda_j \beta_j \, dt = 0,$$

de sorte que l'on aura

$$d\Lambda = -\sum_{j=1}^{m} \lambda_j \beta_j dt.$$

Il en résulte que dans le cas spécial des systèmes scléronomes on pourra écrire:

$$d\Lambda = 0.$$

Conséquence: *On peut ignorer l'existence des réactions de liaisons dans l'expression du théorème de l'énergie.*

Cette propriété est valable dans l'espace des configurations aussi.

Les équations obtenues, (12) et (13), nous donnent la possibilité de considérer le problème du mouvement du système soit sous son aspect cartésien, en nous rapportant aux coordonnées vectorielles $\bar{r}_i$, soit sous l'aspect des coordonnées généralisées $q_1, \ldots, q_k$. Il est évident que celui-ci comprend comme cas particulier l'aspect cartésien aussi. Par conséquent il serait naturel d'adopter par la suite ce dernier système de coordonnées pour arriver à des résultats valables dans les deux systèmes de coordonnées à la fois. Nous préférons néanmoins nous en tenir aux coordonnées vectorielles, parce qu'elles ont un contact plus intime avec la réalité. D'ailleurs, les principes intégraux, dont nous allons nous occuper dans ce qui suit, ont une expression indépendante du système de coordonnées, de sorte que cette préférence n'aura aucun inconvénient pour formuler les resultats que nous obtiendrons.

§ 4

Principes intégraux

8. *Variations synchrones et non synchrones du mouvement.* Considérons en particulier le mouvement du point matériel A_i, $(i \in 1, 2, \ldots, n)$ sur sa trajectoire, entre les positions extrêmes P_0 et P_1 correspondant respectivement aux valeurs t_0 et t_1 du

temps $t\,(t_1 > t_0)$. Soit P la position du mobile A_i sur sa propre trajectoire au moment $t\,(t \in [t_0, t_1])$, le vecteur de position correspondant étant $\bar{r}_i$. Désignons par $\delta \bar{r}_i$ un déplacement virtuel (compatible avec les liaisons) du point P, et par Q le bout du vecteur $\overline{PQ}$ $(= \delta \bar{r}_i)$. De l'ensemble des vecteurs qui correspondent à toutes les positions P de A_i entre P_0 et P_1 nous allons considérer un sous-ensemble tel qu'à chaque point P il n'y correspond qu'un seul vecteur $\delta \bar{r}_i$, donc un seul point Q, le vecteur $\delta \bar{r}_i$ étant une fonction continue de $\bar{r}_i$, donc de t; nous supposerons en outre que $\delta \bar{r}_i$ est une fonction dérivable de t et que sa dérivée $\frac{d}{dt}\,\delta \bar{r}_i$ est une grandeur infinitésimale de l'ordre de $\delta \bar{r}_i$. Dans ces conditions lorsque le mobile A_i décrit la trajectoire Γ_P entre les positions P_0 et P_1, le point Q décrira une courbe voisine, Γ_Q, ayant les extrémités en Q_0 et Q_1 et étant douée d'une tangente unique, de variation continue. Entre les points P et Q des deux courbes Γ_P et Γ_Q il y aura une correspondance régie par la relation

$$\bar{r}_i' = \bar{r}_i + \delta \bar{r}_i, \tag{14}$$

en notant avec $\bar{r}'_i$ le vecteur de position du point Q.

Il est évident d'autre part que chaque déplacement virtuel, $\delta \bar{r}_i$, du système peut figurer dans la relation (14) pour déterminer un point d'une certaine courbe Γ_Q, voisine à Γ_P; car quel que soit $\delta \bar{r}_i$ on peut détacher de l'ensemble de tous les $\delta \bar{r}_i$, un sous-ensemble qui soit formé par une suite continue et dérivable de quantités $\delta \bar{r}_i$ en correspondance bi-univoque avec les points P de Γ_P et dont ferait partie la quantité $\delta \bar{r}_i'$ considérée; il s'ensuit que le lieu des points Q déterminés par la relation (14) sera une courbe, Γ_Q, passant par le bout Q du vecteur spécial $\delta \bar{r}_i$ considéré ci-dessus.

En d'autres termes, l'ensemble de toutes les courbes Γ_Q réalisées à l'aide de la correspondance (14) épuise l'ensemble de tous les déplacements virtuels $\delta \bar{r}_i$ (compatibles avec les liaisons).

Imaginons maintenant un mobile fictif, A_i', ayant la même masse m_i (comme A_i) et décrivant l'arc $Q_0 Q Q_1$ de la courbe Γ_Q, le temps propre t' du mouvement de A_i' étant lié au temps t par la relation

$$t' = t + \delta t; \tag{15}$$

nous avons désigné par δt une fonction infinitésimale t, de l'ordre de $\delta \bar{r}_i$, continue et dérivable, telle que sa dérivée $\frac{d}{dt}\delta t$ soit une grandeur infinitésimale de l'ordre de dt. Cela signifie que le mobile fictif A_i' passe par la position Q correspondant à la position P de Γ_P à l'aide la relation (14), au moment t' donné par (15); le moment t' sera, en général, différent du moment t lorsque le mobile réel P passera par la position P de Γ_P. Nous dirons que le mouvement du mobile A_i' sur Γ_Q est une *variation ncn synchrone* du mouvement de A_i sur Γ_P. Dans le cas particulier où l'on a:

$$\delta t \equiv 0 \tag{16}$$

pour toutes les valeurs du temps t nous dirons que le mouvement de A_i' est une *variation synchrone* du mouvement réel; dans ce cas spécial nous allons désigner par A_i'' le mobile fictif A_i' qui exécute un pareil mouvement.

Si l'on admet, comme on fait d'habitude, que le temps t est une variable monotone croissante, entre les valeurs extrêmes t_0 et t_1, alors on peut montrer que le temps propre t' du mouvement de A_i' sera aussi une variable monotone croissante, entre les deux valeurs extrêmes t_0' et t_1' correspondant aux valeurs extrêmes t_0 et t_1 de t. En effet, on tire de (15)

$$\frac{dt'}{dt} = 1 + \frac{d}{dt}\delta t.$$

Mais le dernier terme de droite est infinitésimal, par conséquent le rapport $\frac{dt'}{dt}$ est positif, donc dt et dt' ont le même signe.

La vitesse $\bar{v}_i'$ du mobile fictif A_i' sur Γ_Q sera donnée par

$$\bar{v}_i' = \frac{d\bar{r}_i'}{dt'},$$

ou bien, en remplaçant $\bar{r}_i'$ et t' par leurs expressions (14) et (15),

$$\bar{v}_i' = \frac{d(\bar{r}_i + \delta \bar{r}_i)}{d(t + \delta t)} = \left(\frac{d\bar{r}_i}{dt} + \frac{d}{dt}\delta \bar{r}_i\right)\left(1 + \frac{d}{dt}\delta t\right)^{-1}.$$

On en déduit

$$\bar{v}_i' = \bar{v}_i + \frac{d}{dt}\delta \bar{r}_i - \bar{v}_i \frac{d}{dt}\delta t, \tag{17}$$

si l'on néglige les quantités infinitésimales d'ordre supérieur au premier.

Dans le cas particulier (16) des mouvements synchrones $\bar{v}_i$ deviendra la vitesse $\bar{v}_i''$ du mobile fictif A_i''; la formule (17) prendra la forme

$$\bar{v}_i'' = \bar{v}_i + \frac{d}{dt}\delta \bar{r}_i. \tag{18}$$

Nous mettrons les formules (17) et (18) sous la forme

$$\delta' \bar{v}_i = \delta \bar{v} - \bar{v} \frac{d}{dt}\delta t \tag{19}$$

et

$$\delta \bar{v}_i = \frac{d}{dt}\delta \bar{r}_i \tag{20}$$

respectivement, avec les notations

$$\delta \bar{v}_i = \bar{v}_i'' - \bar{v}_i, \quad \delta' \bar{v}_i = \bar{v}_i' - \bar{v}_i. \tag{21}$$

9. *Variation de l'énergie cinétique* T. En notant

$$T = \frac{1}{2}\sum_{i=1}^{n} m_i v_i^2, \quad T' = \frac{1}{2}\sum_{i=1}^{n} m_i v_i'^2, \quad T'' = \sum_{i=1}^{n} m_i v''^2$$

on aura

$$T'' = \frac{1}{2}\sum_{i=1}^{n} m_i (\bar{v}_i + \delta \bar{v}_i)^2,$$

ou bien, en négligeant les quantités infinitésimales d'ordre supérieur au premier,

$$\delta T = \sum m_i \bar{v}_i \delta \bar{v}_i, \tag{22}$$

avec

$$\delta T = T'' - T. \tag{23}$$

D'une manière analogue on obtiendra:

(24) $$\delta' T = \sum m_i \bar{v}_i \delta' \bar{v}_i$$

avec la notation

(25) $$\delta T' = T' - T.$$

En remplaçant dans (24) $\delta' \bar{v}_i$ par son expression (19) on aura

$$\delta' T = \sum_{i=1}^{n} m_i \bar{v}_i \delta \bar{v}_i - \sum_{i=1}^{n} m_i v_i^2 \frac{d}{dt} \delta t$$

et partant, avec (22),

(26) $$\delta' T = \delta T - 2 T \frac{d}{dt} \delta t.$$

10. *Principe général intégral.* En multipliant l'équation (3) par dt et en intégrant par rapport à t entre les limites t_0 et t_1 on obtient

(27) $$\int_{t_0}^{t_1} \sum_{i=1}^{n} (\bar{F}_i - m_i \bar{a}_i) \delta \bar{r}_i \, dt = 0.$$

D'autre part on a

$$\sum m_i \bar{a}_i \delta \bar{r}_i = \frac{d}{dt} \sum m_i \bar{v}_i \delta \bar{r}_i - \sum m_i \bar{v}_i \frac{d}{dt} \delta \bar{r}_i$$

ou bien, avec (20) et (22),

$$= \frac{d}{dt} \sum m_i \bar{v}_i \delta \bar{r}_i - \delta T.$$

Nous allons y substituer l'expression de δT tirée de (26). On obtiendra ainsi

$$\sum m_i \bar{a}_i \delta \bar{r}_i = \frac{d}{dt} \sum m_i \bar{v}_i \delta \bar{r}_i - \delta' T - 2 T \frac{d}{dt} \delta t.$$

De cette manière la relation (27) deviendra

(28) $$\Omega \equiv \int_{t_0}^{t_1} \left(\delta L + \delta' T + 2 T \frac{d}{dt} \right) \delta t = \left[\sum m_i \bar{v}_i \delta \bar{r}_i \right]_{t=t_0}^{t=t_1},$$

où l'on a mis

(29) $$\delta L = \sum_{i=1}^{n} \bar{F}_i \delta \bar{r}_i.$$

La relation (28) représente un *principe intégral général* dont on peut déduire les équations de la Dynamique. En effet, on peut refaire le calcul en sens inverse pour arriver de (28) à la relation (27). Comme les quantités $\delta \bar{r}_i$ qui figurent dans (27) épuisent — nous l'avons démontré au No 5 — tous les déplacements virtuels du système, on peut déduire de (27) les équations (12) en tenant compte des relations de condition (4). En d'autre termes, il y a une parfaite équivalence entre les équantions (12) et le principe intégral général exprimé par (28), si les quantités $\delta \bar{r}_i$ satisfont les relations (4), la fonction δt étant arbitraire; d'ailleurs, cette dernière fonction, δt, pourrait disparaitre sans trace de l'expression (28) du principe intégral général, ce que l'on voit en substituant à $\delta' T$ son expression (26). Nous garderons touefois δt afin de pouvoir déduire, en en disposant convenablement, des formes particulières intéressantes du principe intégral général.

En prenant

$$\delta \bar{r}_i = 0 \text{ pour } t = 0 \text{ et pour } t = t_1$$

le principe intégral exprimé par la relation (28) aura la *forme restreinte*:

$$\Omega \equiv \int_{t_0}^{t_1} \left(\delta L + \delta' L + 2\, T \frac{d}{dt}\, \delta t\right) dt = 0. \tag{30}$$

Cette forme restreinte conduira aux mêmes équations de mouvement (12).

11. *Cas des forces quasi-conservatives.* S'il existe une fonction U des coordonnées et du temps t, telle que la force $\bar{F}_i$ en soit un gradient relativement au vecteur $\bar{r}_i$,

$$\bar{F}_i = \nabla_i U; \qquad i = 1, 2, \ldots, n, \tag{31}$$

nous dirons que les forces $\bar{F}_i$ $(i = 1, 2, \ldots, n)$ forment un système *quasi-conservatif* et U est le *quasi-potentiel* correspondant. Dans ce cas nous aurons pour δL défini par (29)

$$\delta L = \delta U, \tag{32}$$

où δU signifie la variation de la fonction U correspondant au déplacement virtuel $\delta \bar{r}_i$ du système de points considéré. La variation $\delta' U$ définie par la relation

$$\delta' U = \delta U + \frac{\partial U}{\partial t} \delta t \tag{33}$$

signifie la variation δU de U à laquelle on associe la variation de cette fonction due à la variation δt du temps t. Les expressions (28) et (30) du principe intégral général deviendront dans ce cas

$$\int \left(\delta U + \delta' T + 2\, T \frac{d}{dt} \delta t \right) dt = \left[\sum m_i \bar{v}_i \, \delta \bar{r}_i \right]_{t=t_0}^{t=t_1} \tag{34}$$

et

$$\int \left(\delta U + \delta' T + 2\, T \frac{d}{dt} \delta t \right) dt = 0 \tag{35}$$ [1]

respectivement.

12. *Principe de moindre action.* Désignons par A l'action dans le cas du mouvement réel,

$$A = \int 2\, T \, dt, \tag{36}$$

par A' l'action du mouvement obtenu en remplaçant la courbe Γ_P par la courbe voisine Γ_Q et le mobile réel A_i par le mobile fictif A_i',

$$A' = \int_{(Q_0 Q_1)} 2\, T' \, dt'.$$

On aura

$$A' = \int 2\,(T + \delta' T) \left(1 + \frac{d}{dt} \delta t \right) dt$$

et partant

$$\delta' A = 2 \int \left(\delta' T + T \frac{d}{dt} \delta t \right) at, \tag{37}$$

avec la notation

$$\delta' A = A' - A. \tag{38}$$

---

[1]) Afin de simplifier l'écriture nous avons supprimé (ce que nous ferons systématiquement dans la suite) les limites t_0 et t_1 des intégrales.

Dans quelles conditions le principe intégral général (30) nous conduira à la condition variationnelle

$$A = \text{stationnaire} \tag{39}$$

par rapport aux mouvements variés non synchrones? Nous entendrons par la condition (39) l'annulation de la première variation $\delta' A$ de A pour tous les mouvements non synchrones sur les courbes Γ_Q qui peuvent être déduites des trajectoires réels Γ_P à l'aide de la correspondance (14), $\delta \bar{r}_i$ étant le déplacement virtuel du système soumis aux condition (4).

La relation $\delta' A = 0$ s'écrit

$$\int \left(\delta' T + T \frac{d}{dt} \delta t \right) dt = 0 \tag{40}$$

en vertu de (37). Afin que la relation (30) se réduise à (40) il suffit de choisir la fonction δt telle que la relation

$$\int \delta L \, dt = \int \delta' T \, dt \tag{41}$$

soit satisfaite. Donc:

Le mouvement du système s'obtient en mettant la condition que l'action A soit stationnaire par rapport aux mouvements variés non synchrones qui satisfont la relation (41).

Les courbes variées qui interviennent dans cet énoncé doivent être déduites des trajectoires réelles, comme nous l'avons mentionné ci-dessus, à l'aide de la correspondance (14).

C'est la forme générale du *Principe de moindre action.*

Si en particulier on choisit la fonction δt telle que l'on ait

$$\delta' T = \delta L \tag{42}$$

à chaque instant, la condition intégrale (41), bien plus large pour δt sera, évidement, remplie. La forme (42) de la relation de condition pour δt est celle que l'on emploie d'habitude concernant le principe de moindre action.

Sie en particulier il existe une fonction U dépendant explicitement des positions des points du système et du temps t (cas des forces quasi-conservatives) le travail virtuel δL prendra la forme

(32), de sorte que la relation de condition (41) deviendra avec (33)

$$\int \delta' E \, dt = -\int \frac{\partial U}{\partial t} \, \delta t \, dt, \tag{43}$$

avec la notation

$$T - U = E. \tag{44}$$

Pour un système conservatif $\left(\frac{\partial U}{\partial t} \equiv 0\right)$ à liaisons scléronomes ($\beta_j \equiv 0$) E représentera l'énergie du système et la relation de condition (43) se réduira à

$$\int \delta' E \, dt = 0. \tag{45}$$

Il convient de faire ici l'observation analogue à celle concernant la condition (42), à savoir que la relation de condition (45) sera remplie si l'on choisit la fonction δt telle que la quantité $\delta' E$ soit nulle à chaque instant, c'est-à-dire telle que l'on ait

$$\delta' T = \delta U \text{ pour } t \in [t_0, t_0]. \tag{46}$$

Il est évident que la relation (40) que l'on impose ordinairement à δt dans le principe de moindre action particularise la fonction δt plus que ne le fait la relation (43), donc elle restreint davantage la multiplicité des mouvements variés par rapport auxquels l'action A reste stationnaire. Cet élargissement (43) de la condition concernant δt, dans le cas du système conservatif et des liaisons holonomes a été mise en évidence par M. E. Storchi [14].

13. *Principe d'Hamilton.* En nous limitant pour le moment aux systèmes conservatifs $\left(\delta L = \delta U, \frac{\partial U}{\partial t} \equiv 0\right)$ nous pourrons mettre le principe intégral général (35) sous la forme

$$\int \left(\delta' L + 2T \frac{d}{dt} \delta t\right) dt = 0, \tag{47}$$

désignant par L la fonction de Lagrange,

$$L = T + U; \tag{48}$$

car en vertu de la relation (33) nous aurons

$$\delta' U = \delta U .$$

Dans quel cas pourrions-nous remplacer la formule (47) par la première condition variationnelle concernant l'intégrale

$$I = \int L \, dt ? \tag{49}$$

C'est-à-dire, dans quel cas la formule (47) nous conduirait-elle à la relation

$$\delta' I = 0 ? \tag{50}$$

A l'aide d'un calcul analogue à celui que nous avons développé concernant l'action A on obtiendra

$$\delta' I = \int \left(\delta' L + L \frac{d}{dt} \delta t \right) dt , \tag{51}$$

de sorte la relation (50) prendra la forme

$$\int \left(\delta' L + L \frac{d}{dt} \delta t \right) dt = 0 . \tag{52}$$

Afin d'identifier la relation (47) avec (52) il suffit de choisir la fonction δt telle que l'on ait

$$\int 2 T \frac{d}{dt} \delta t \, dt = \int L \frac{d}{dt} \delta t \, dt ,$$

relation que l'on peut mettre sous la forme

$$\int E \frac{d}{dt} \delta t \, dt = 0 , \tag{53}$$

avec la notation (44). Par conséquent:

Le mouvement du système s'obtient en mettant la condition que l'intégrale I soit stationnaire par rapport aux mouvements variés non synchrones, qui satisfont la condition (53).

C'est le *principe d'Hamilton.*

Il est évident qu'ici, comme dans le cas du principe de moindre action, les courbes variées, qui interviennent dans l'énoncé du principe, doivent être déduites des trajectoires réelles moyennant la correspondance (14).

La condition (53) sera évidemment satisfaite si l'on prend

$$(54) \qquad \delta t \equiv 0,$$

c'est-à-dire si les mouvements variés auxquels on compare le mouvement réel du système sont synchrones. La substitution de la condition particulière (54) par la condition plus générale (53) a été faite par M. E. Storchi [14].

Si, en particulier, toutes les liaisons sont scléronomes,

$$\beta_i \equiv 0, \quad j = 1, 2, \ldots, m,$$

la relation de condition (63) prendra une forme plus simple; car le théorème de l'énergie donne

$$(55) \qquad E = \text{const},$$

de sorte que la relation (53) se réduira à:

$$(56) \qquad \delta t \,|_{t=t_0} = \delta t \,|_{t=t_1},$$

ce qui veut dire que la fonction δt doit prendre des valeurs égales aux deux extrémités de l'intervalle $[t_0, t_1]$. Cette forme remarquable de la relation de condition nous dit que pour les systèmes scléronomes le principe d'Hamilton sera valable non seulement par rapport aux mouvements variés synchrones, comme on admet d'habitude, mais aussi par rapport aux mouvements variés non synchrones, qui aient la même durée que le mouvement réel; donc, en particulier, par rapport aux mouvements variés non synchrones pour lesquelles δt s'annule aux deux extrémités de l'intervalle $[t_0, t_1]$.

14. *Remarque concernant le principe de moindre action et d'Hamilton.* Les deux principes déduits ci-dessus, le principe de moindre action et celui d'Hamilton, sont valables dans le cas général des liaisons (2)

$$(2) \qquad \sum \bar{\alpha}_{ij} d\bar{r}_i + \beta_j dt; \quad j = 1, 2, \ldots, m,$$

$\bar{\alpha}_{ij}$, β_j étant des fonctions de $\bar{r}, \dot{\bar{r}}, \ddot{\bar{r}}$ et t, donc aussi pour les systèmes non holonomes les plus généraux qui ont été rencontrés jusqu'ici. Ces principes ont le caractère variationnel du fait qu'ils mettent la première condition d'extremum aux deux intégrales A et I. Néanmoins il faut mentionner qu'ils se distinguent des problèmes ordinaires du «Calcul des variations» étant soumis à des relations de condition sous forme infinitésimale et non sous forme finie.

Si l'on essaie de mettre le problème variationnel correspondant à ces principes aous la forme que l'on trouve ordinairement dans le «Calcul des variations» en utilisant des relations de liaisons sous forme finie (lorsque cela est possible), on n'arrivera à de résultats justes que dans le cas des liaisons holonomes[1]) — encore une preuve que la forme finie des relations de liaisons n'est pas la forme qui convient aux problèmes de la Mécanique[2]). Au contraire, en utilisant la forme infinitésimale (2) la distinction (purement formelle) entre les liaisons holonomes et non holonomes disparait et les principes intégraux de la Mécanique deviennent applicables aux deux catégories de liaisons, sans aucune différence de méthode.

15. *Généralisation du principe d'Hamilton.* Dans le cas général des forces non conservatives le principe d'Hamilton devra prendre un aspect différent.

Considérons d'abord le cas des forces quasi-conservatives (No. 8) lorsqu'il existe une fonction U dépendant explicitement de la position des points du système ainsi que du temps t qui donne

$$\delta L = \delta U. \tag{57}$$

Dans ce cas, en tenant compte de la relation (33) on pourra mettre le principe intégral général (35) sous la forme

$$\int\left(\delta' U - \frac{\partial U}{\partial t}\,\delta t + \delta' T + 2\,T\,\frac{d}{dt}\,\delta t\right) dt = 0, \tag{58}$$

ou bien

$$\int\left(\delta' L - \frac{\partial U}{\partial t}\,\delta t + 2\,T\,\frac{d}{dt}\,\delta t\right) dt = 0. \tag{59}$$

---

[1]) Voir p. ex.: [6], [7], [12].

[2]) La situation anormale de la forme finie d'une relation de liaison par rapport au problème de la Mécanique a obligé M. J. PÉRÈS d'introduire la catégorie des liaisons semi holonomes [13].

D'autre part, la première condition variationnelle de minimum pour l'intégrale

$$I = \int L\,dt$$

deviendra avec (51)

$$\int\left(\delta' L + L\frac{d}{dt}\delta t\right)dt = 0. \tag{60}$$

Pour pouvoir identifier la relation (59) avec la relation (60) il suffit de choisir la fonction δt telle que la relation

$$\int\left(-\frac{\partial U}{\partial t}\delta t + 2\,T\frac{d}{dt}\delta t\right)dt = \int L\frac{d}{dt}\delta t\,dt$$

soit satisfaite; d'ailleurs on pourra la mettre sous la forme

$$\int E\frac{d}{dt}\delta t\,dt = \int\frac{\partial U}{\partial t}\delta t\,dt, \tag{61}$$

en utilisant la notation (44), ou bien, à l'aide d'une intégration partielle,

$$[E\,\delta t]_{t=t_0}^{t=t_1} = \int\left(\frac{dE}{dt} + \frac{\partial U}{\partial t}\right)\delta t\,dt. \tag{62}$$

Par conséquent:

Le mouvement du système s'obtient en mettant la condition que l'intégrale I soit stationnaire par rapport aux mouvements variés non synchrones, qui satisfont la condition (61) *ou* (62).

Si, en particulier, on prend

$$\delta t \equiv 0,$$

c'est-à-dire si les mouvements variés auxquels on compare le mouvement réel sont synchrones, la condition (59) sera satisfaite.

On voit donc que la condition du synchronisme que l'on impose ordinairement aux mouvements variés pour arriver au principe d'Hamilton n'est qu'un cas tout à fait particulier de la condition générale (61) ou (62).

Si le système est scléronome,

$$\beta_j \equiv 0; \quad j = 1, 2, \ldots, m,$$

la relation de condition (62) prendra une forme particulièrement simple; car le théorème de l'énergie nous fournira dans ce cas la relation

$$dE = -\frac{\partial U}{\partial t}\, dt,$$

de sorte que la relation de condition (62) deviendra

$$[E\,\delta t]_{t=t_0}^{t=t_1} = 0. \tag{63}$$

Cela signifie que le principe d'Hamilton sera valable par rapport aux mouvements variés non synchrones pour lesquels $E\,\delta t$ prend la même valeur aux extrémités de l'intervalle $[t_0, t_1]$; en particulier, par rapport aux mouvements variés non synchrones, pour lesquels δt s'annule aux extrémités. Il est bien entendu que les courbes variées doivent pouvoir se déduire des trajectoires réelles moyennant la correspondance (14).

16. *Autres formes généralisées du principe d'Hamilton.* Si le système des forces $\overline{F}_i$ n'admet pas l'existence d'un quasi potentiel U, comme nous avons supposé au No 10, on déduira du principe intégral général d'autres formes qui pourraient être considérées comme des généralisations du principe d'Hamilton. Supposons p. ex. que l'on ait choisi la fonction δt telle que la relation

$$\int T \frac{d}{dt}\, \delta t\, dt = 0 \tag{64}$$

soit satisfaite. A cette condition le principe intégral général (30) deviendra

$$\int (\delta L + \delta' T)\, dt = 0 \tag{65}$$

que l'on pourra considérer comme une généralisation du principe d'Hamilton pour le cas des forces non conservatives; car en prenant, en particulier, $\delta t \equiv 0$ pour satisfaire la condition (64), c'est-à-dire, en nous limitant aux mouvements variés synchrones, la relation (65) aura la forme

$$\int (\delta L + \delta T)\, dt = 0 \tag{66}$$

qui n'est autre que la forme bien connue du principe d'Hamilton concernant le cas des forces non conservatives.

D'autre part, le principe (65) avec la condition (64) pourra être mis aussi sous la forme

$$\int\left(\delta L + \delta' T + T \frac{d}{dt}\,\delta t\right) dt = 0,$$

c'est dire sous la forme

$$\int \delta L\, dt + \delta' \int T\, dt = 0, \tag{67}$$

qui pourra être également regardée comme une expression générale du principe d'Hamilton; car elle se réduira aussi à (66) dans le cas particulier des mouvements variés synchrones ($\delta t = 0$).

§ 5
Nouveaux principes intégraux

17. *Le cas des forces quasi-conservatives.* Prenons le principe intégral général sous sa forme restreinte (30) et écrivons-le pour le cas des forces quasi conservatives

$$\int\left(\delta U + \delta' T + 2\, T \frac{d}{dt}\,\delta t\right) dt = 0, \tag{35}$$

en désignant par U, comme ci-dessus, le quasi-potentiel correspondant.

Nous allons utiliser la formule (37) que nous mettrons sous la forme

$$\delta' \int T\, dt = \int\left(\delta' T + T \frac{d}{dt}\,\delta t\right) dt.$$

Nous allons utiliser également la formule

$$\delta' \int U dt = \int\left(\delta' U + U \frac{d}{dt}\,\delta t\right) dt \tag{68}$$

que l'on peut établir à l'aide d'un calcul analogue à celui que nous avons employé pour déduire la formule (37). En tenant compte aussi de la relation (33) on pourra écrire la formule (30) sous la forme

$$(69) \qquad \delta' \int T dt + \delta' \int U dt + \int E \frac{d}{dt} \delta t \, dt - \int \frac{\partial U}{\partial t} \delta t \, dt = 0.$$

Notons

$$(70) \qquad \begin{aligned} G &= \delta' \int \alpha_1 T dt + \delta' \int \alpha_2 U dt + \alpha_3 \int E \frac{d}{dt} \delta t \, dt + \\ &\qquad - \alpha_4 \int \frac{\partial U}{\partial t} \delta t \, dt, \\ H &= \delta' \int \alpha'_1 T dt + \delta' \int \alpha'_2 U dt + \alpha_3 \int E \frac{d}{dt} \delta t \, dt + \\ &\qquad - \alpha'_4 \int \frac{\partial U}{\partial t} \delta t \, dt, \end{aligned}$$

α_i, α $(i = 1, 2, 3, 4)$ étant des constantes remplissant les conditions

$$(71) \qquad \alpha_i + \alpha'_i = \alpha;$$

α est une constante arbitraire différente de zéro. La formule (69) deviendra avec ces notations

$$(72) \qquad G + H = 0.$$

Si l'on prend

$$(73) \qquad H = 0,$$

la formule (72) deviendra

$$G = 0,$$

c'est-à-dire

$$(74) \qquad \delta' \int (\alpha_1 T + \alpha_2 U) dt + \alpha_3 \int E \frac{d}{dt} \delta t \, dt + \\ - \alpha_4 \int \frac{\partial U}{\partial t} \delta t \, dt = 0.$$

Pour $\alpha_3 = \alpha_4$ la relation précédente nous conduira à une infinité de principes variationnels: les principes définis par la relation

$$(75) \qquad \int E (\alpha_1, \alpha_2) \, dt = \text{stationnaire},$$

où l'on a mis

$$E(\alpha_1, \alpha_2) = \alpha_1 T + \alpha_2 U, \tag{76}$$

α_1, α_2 étant deux paramètres arbitraires.

La relation de condition (73) deviendra

$$\alpha \int \left(\delta' L + 2T \frac{d}{dt} \delta t - \frac{\partial U}{\partial t} \delta t \right) dt = \delta' \int E(\alpha_1 . \alpha_2)\, dt,$$

ou bien, en tenant compte de la relation (75),

$$\int \left(\delta' L + 2\,T \frac{d}{dt}\, \delta t - \frac{\partial U}{\partial t}\, \delta t \right) dt = 0. \tag{77}$$

Cette dernière relation, (77), est équivalente à (35) qui exprime le principe intégral général. Nous mettrons cette condition sous quatre formes différentes dont on se servira dans ce qui suit

$$\delta' \int L\, dt + \int E \frac{d}{dt} \delta t\, dt = \int \frac{\partial U}{\partial t} \delta t\, dt, \tag{77$_1$}$$

$$\delta' \int 2\,T\, dt - \int \delta' E\, dt = \int \frac{\partial U}{\partial t} \delta t\, dt, \tag{77$_2$}$$

$$\delta' \int 2\,U dt + \int \delta' E\, dt + 2 \int E \frac{d}{dt} \delta t\, dt = \int \frac{\partial U}{\partial t} \delta t\, dt, \tag{77$_3$}$$

$$\delta' \int E\, dt + 2 \int \delta' U dt + \int L \frac{d}{dt}\, \delta t\, dt = \int \frac{\partial U}{\partial t}\, \delta t\, dt. \tag{77$_4$}$$

On voit que la relation de condition est indépendante de α_1 et α_2; c'est-à-dire qu'elle est invariablement la même pour tous les problèmes variationnels exprimés par la relation (75), qui mènent aux équations du mouvement des systèmes.

La quantité $E(\alpha_1, \alpha_2)$ représente une sorte d'*énergie cinéto-potentielle,* que l'on pourrait appeler «du genre (α_1, α_2)». On aura

$$T = E(1,0), \quad L = E(1,1), \quad U = E(0,1), \quad E = E(1, -1). \tag{78}$$

De cette manière en prenant:

$$\alpha_1 = 1, \quad \alpha_2 = 0$$

le principe variationnel (75) se confond avec le principe de moindre action, tandis que la relation de condition concernant δt, sous la forme $(77)_2$ dont on aura supprimé le premier terme $(= 0)$ coincide avec la relation (43). D'une manière analogue, en prenant

$$\alpha_1 = 1, \qquad \alpha_2 = 1,$$

le principe variationnel (75) devient le principe d'Hamilton tel que nous l'avons établi au No 12, tandis que la relation de condition concernant δt, sous la forme $(77)_1$ dont on aura supprimé le premier terme $(= 0)$, concïde avec la relation (61).

En même temps on pourra obtenir aussi deux autres principes de formes remarquables, se rapportant aux actions A' et A'' correspondant aux quantités U, et E respectivement,

$$A' = \int U\,dt, \qquad A'' = \int E\,dt.$$

On n'aura qu'à prendre

$$\alpha_1 = 0, \qquad \alpha_2 = 1$$

pour que le principe variationnel (75) devienne le principe exprimé par la relation

$$A' = \text{stationnaire}.$$

La relation de condition correspondante pour δt $(77)_3$ pourra être mise sous la forme

$$\int \delta' E\,dt + 2\int E\,\frac{d}{dt}\,\delta t\,dt = \int \frac{\partial U}{\partial t}\,\delta t\,dt, \tag{79}$$

si l'on en supprime le premier terme $(= 0)$.

Le principe variationnel

$$A'' = \text{stationnaire}$$

s'obtiendra en prenant

$$\alpha_1 = 1, \quad \alpha_2 = -1,$$

la relation de condition pour δt, $(77)_4$, pouvant être mise sous la forme

$$2\int \delta' U + \int L\,\frac{d}{dt}\,\delta t\,dt = \int \frac{\partial U}{\partial t}\,\delta t\,dt. \tag{80}$$

18. *Liaison entre les principes obtenus.* Nous introduirons la notation

$$A_{\alpha_1,\alpha_2} = \int E\,(\alpha_1, \alpha_2)\,dt. \tag{81}$$

Les quatre principes variationnels établis au No. 14 pourront être exprimés à l'aide des integrales:

$$(82) \qquad \begin{cases} A_{1,0} = \int T\,dt, \\ A_{1,1} = \int L\,dt, \\ A_{0,1} = \int U\,dt, \\ A_{1,-1} = \int E\,dt. \end{cases}$$

Nous pourrions appeler ces intégrales *actions*, à savoir: *cinétique* $(A_{1,0})$, *Lagrange* $(A_{1,1})$, *potentielle* $(A_{0,1})$, *énergétique* $(A_{1\text{-}2})$, le nom *d'action cinéto-potentielle* étant réservé à l'intégrale A_{α_1,α_2} définie par la relation (81) et comprenant les autres quatre comme des formes particulières.

On obtiendra le mouvement réel du système en annulant la première variation de l'une quelconque des cinq actions, la condition pour δt étant exprimée par la relation (77). Il s'ensuit que si la première variation de l'une quelconque des cinq actions est nulle, il en sera autant des premières variations des autres quatre actions.

D'ailleurs, on pourra exprimer l'action A_{α_1,α_2} comme une forme linéaire, homogène des autres quatre, p. ex.

$$(83) \qquad A_{\alpha_1,\alpha_2} = \alpha_1 A_{1,0} + \alpha_2 A_{0,1}.$$

Die cette forme particulière de (83) on conclut que si $A_{1,0}$, et $A_{0,1}$ sont stationnaires il en sera autant de l'action A_{α_1,α_2} (pour la même multiplicité de mouvements variés). Cette conclusion est évidemment plus faible que la précédente où l'on suppose une seule des deux actions $A_{1,0}$ et $A_{0,1}$ stationnaire pour pouvoir affirmer que l'action A_{α_1,α_2} sera aussi stationnaire.

En conclusion, on peut dire que les cinq principes variationnels établis ci-dessus à savoir, le principe général

$$(G) \qquad \int E(\alpha_1, \alpha_2) = \text{stat.}$$

et les principes spéciaux

(I) $\int T\,dt = \text{stat.}; \quad \alpha_1 = 1, \quad \alpha_2 = 0;$

(II) $\int L\,dt = \text{stat.}; \quad \alpha_1 = 1, \quad \alpha_2 = 1;$

(III) $\int U\,dt = \text{stat.}; \quad \alpha_1 = 0, \quad \alpha_2 = 1;$

(IV) $\int E\,dt = \text{stat.}; \quad \alpha_1 = 1, \quad \alpha_2 = -1$

représentent tous la même chose sous des formes différentes; car ils représentent tous les mêmes équations de mouvement du système.

On peut remarquer aussi qu'en particulier, les principes (III) et (IV) que l'on construit à l'aide du potential U ou à l'aide de l'énergie E $(= T - U)$ se présentent sous des formes physiques très suggestives, non moins suggestives que les formes des principes classiques (I) et (III) (de moindre action et d'Hamilton). On en conclut que les principes variationnels classiques seront en quelque sorte déplacés par les nouveaux, de leur position d'exclusivité dont ils avaient joui jusqu'à présent.

Remarque. En considérant la forme générale A_{α_1,α_2} de l'action avec le principe variationnel correspondant:

(84) $$\delta' A_{\alpha_1,\alpha_2} = 0$$

on observe que l'on peut remplacer la relation de condition (77) pour δt, par une combinaison linéaire, homogène des relations (77) et (84), à savoir:

(85) $$\lambda \int \left(\delta' L + 2\,T\,\frac{d}{dt}\,\delta t - \frac{\partial U}{\partial t}\,\delta t\right) dt + \lambda' \delta' A_{\alpha_1,\alpha_2} = 0,$$

λ et λ' étant deux paramètres arbitraires dont un au moins soit différent de zéro. On pourrait utiliser cette substitution de la relation (77) par la relation (85) pour en tirer quelque avantage au calcul dans des cas particuliers.

19. *Forces conservatives et liaisons scléronomes.* Dans le cas spécial des forces conservatives $\left(\frac{\partial U}{\partial t} \equiv 0\right)$ les conditons $(77)_i$, $(i = 1, 2, 3, 4)$ se simplifient en prenant les formes suivantes

$$-\int \delta' E\,dt = 0.$$

$$(86)\qquad \begin{aligned} &\int E \frac{d}{dt}\,\delta t\,dt = 0,\\ &\int \delta' E\,dt + 2\int E\frac{d}{dt}\,\delta t\,dt = 0,\\ &2\int \delta U\,dt + \int L\frac{d}{dt}\,\delta t\,dt = 0 \end{aligned}$$

correspondant aux quatre principes de formes particulières, construits avec les paramètres physiques T, L, U et E respectivement. Si en outre le système est scléronome, le théorème de l'énergie sera exprimé par

$$(87)\qquad E = \text{const.}$$

La seconde condition (86) deviendra dans ce cas

$$(88)\qquad \delta t_{t=t_1} = \delta t_{t=t_0}.$$

Si en particulier la fonction δt est nulle aux extrémités de l'intervalle $[t_0, t_1]$, la relation de condition (87) sera satisfaite pour toute fonction δt de t. C'est la propriété que nous avions trouvée à la fin du No 13, concernant le principe d'Hamilton.

La première condition (86) qui se rapporte au principe de moindre action prendra la forme

$$(89)\qquad \delta' \int E\,dt = 0,$$

ce que l'on voit immédiatement, en partant de la formule

$$\delta' \int E\,dt = \int \left(\delta' E + E\frac{d}{dt}\,\delta t\right) dt$$

analogue à (68), et en observant que l'on a

$$(90)\qquad \int E\frac{d}{dt}\,\delta t\,dt = 0$$

si l'on tient compte de (87) et (88). Or la condition (89) prétend que les mouvements variés soient *isoénergétiques* en moyenne, sur l'intervalle de temps $[t_0, t_1]$, ce que l'on pourrait exprimer aussi par la formule

$$\frac{1}{t_1 - t_0} \int_{(Q_0 Q_1)} E' \, dt' = E \tag{89'}$$

identique à (89). Conséquence:

Pour un système conservatif, scléronome et non holonome le principe de moindre action est valable par rapport aux mouvements non synchrones qui soient isoénergétiques en moyenne et qui aient la même durée que le mouvement réel.

La troisième relation (86) qui se rapporte au principe ayant la forme

$$\delta' \int U \, dt = 0$$

se réduira toujours à la relation (89) à cause des relations (87) et (88). Il s'ensuit que:

Le principe de moindre action potentielle sera valable par rapport aux mêmes mouvements variés non synchrones que celui de moindre action cinétique.

La quatrième relation (86) qui se rapporte au principe

$$\delta' \int E \, dt = 0$$

pourra être mise sous la forme

$$2 \int \left(\delta U + U \frac{d}{dt} \delta t \right) dt + \int E \frac{d}{dt} \delta t \, dt = 0$$

ou bien, avec (90),

$$\int \left(\delta U + U \frac{d}{dt} \delta t \right) dt = 0.$$

Mais l'on a $\delta' U = \delta U$ de sorte que la relation précédente donnera

$$\delta' \int U \, dt = 0, \tag{91}$$

c'est-à-dire

$$\int U \, dt = \text{stationnaire}. \tag{91'}$$

On en conclut que *le principe de moindre action potentielle est complémentaire au principe de moindre action énergétique, c'est-*

à-dire que la condition que l'un des deux soit valable et que la fonction δt soit choisie telle que l'autre le soit également.

20. *Forces non conservatives et liaisons quelconques.* Nous reviendrons à la forme restreinte (30) du principe intégral général

$$\Omega \equiv \int \left(\delta L + \delta' T + 2\, T \frac{d}{dt} \delta T \right) dt = 0 \tag{30}$$

et nous l'appliquerons dans le cas général des forces et des liaisons quelconques. Nous allons disposer de la fontion δt de façon à pouvoir remplacer la condition (30) par la suivante:

$$\Omega' \equiv \alpha_1 \int \delta' T\, dt + \alpha_2 \int \delta L\, dt + \alpha_3 \int 2\, T \frac{d}{dt} \delta t\, dt = 0, \tag{92}$$

équivalente à elle, α_i $(i = 1, 2, 3)$ étant trois paramètres arbitraires qui ne soient pas tous nuls en même temps. A cette fin on pourra prendre pour la détermination de δt la relation

$$\omega \equiv \lambda \Omega + \lambda' \Omega' = 0, \tag{93}$$

λ et λ' étant arbitraires $(\lambda \neq 0)$. Le système constitué par les relations (92) et (93) est équivalent au système constitué par les relations (30) et (92). En conséquence, on pourra supposer que le principe mécanique soit exprimé par la relation (92), à condition que la fonction δt vérifie la relation (93). D'ailleurs le rôle des deux relations, (92) et (93), est symétrique, cèst-à-dire que nous pourrions exprimer le principe mécanique par la relation (93) et la relation de condition pour δt par (92); elles seront donc complémentaires l'une à l'autre dans le sens que nous avons déjà attribué à ce mot ci-dessus. On pourrait même dire que deux relations quelconques des trois suivantes

$$\Omega = 0, \quad \Omega' = 0, \quad \omega = 0$$

donneront, l'une le principe, l'autre la condition concernant δt. Par conséquent, nous pourrons prendre la relation

$$\omega = 0, \quad (\lambda' \neq 0) \tag{94}$$

comme exprimant le principe, et la relation

$$\Omega = 0 \tag{95}$$

comme exprimant la condition à laquelle doit être soumise la fonction δt. Il s'ensuit que cette dernière condition concernant δt est indépendante des paramètres α_i ($i = 1, 2, 3,$), λ et λ' qui interviennent dans l'expression (94) du principe; elle se confond d'ailleurs avec la formule (30) du principe intégral général. C'est une propriété que nous avions déjà rencontrée dans le cas particulier considéré au No 17.

21. *Observations finales.* Il y a une question qui surgit d'une manière naturelle à l'égard de l'infinité de nouveaux principes établis et qui ne devrait pas rester sans réponse: sont-ils vraiment nouveaux ces principes, ou plus précisément, sont-ils distincts l'un de l'autre?

Pour pouvoir répondre à cette question il faudrait d'abord préciser le sens du mot «distinct».

Nous avons vu que tous ces principes dérivent du principe intégral (30); autrement dit, ils sont tous des expressions diverses de ce même principe. Sous ce rapport ils ne sont pas distincts l'un de l'autre.

On pourrait en dire autant, évidemment, des deux principes classiques: de moindre action et d'Hamilton. Pourtant les deux formes différentes de ces deux principes nous offrent une double possibilité d'envisager et de traiter les problèmes que nous pose la Physique, et par là leur droit d'existence est assuré.

C'est une conclusion similaire qui conviendrait aussi aux principes en nombre infini engendrés à l'aide des paramètres arbitraires mentionnés. Il nous donnent la possibilité d'une part, de traiter par les méthodes connues, les problèmes relatifs aux systèmes soumis à des liaisons ayant cette forme générale mentionnée ci-dessus; d'autre part, de présenter le problème général de la Mécanique sous une infinité de nouveaux aspects, dont on pourrait choisir le plus convenable ou le plus propre ayant en vue le caractère particulier du problème à traiter.

§ 6

Conclusions

Dans le présent travail on est arrivé en essence aux trois réalisations mathématiques suivantes:

I. Une extension de la forme des liaisons telle qu'elle comprenne non seulement les liaisons non holonomes ordinaires mais aussi celles de seconde espèce ([12], p. 505).

II. La démonstration que les principes variationnels classiques (de moindre action et d'Hamilton) sont valables pour cette catégorie générale de liaisons.

III. Un infinité d'autres principes variationnels ayant, avec les deux principes classiques, le même droit à l'existence.

Nous avions déjà mis en évidence ce dernier point dans un autre travail ([16]), pour le cas des liaisons holonomes. (Voir aussi la forme condensée [17].)

Laboratoire de Mécanique de l'Université de Bucarest. 1. 9. 56.

BIBLIOGRAPHIE

[1] O. Hölder, Gött. Nachr., 1896.
[2] P. Woronetz, Math. Ann. **70,** 1911, S. 410—453.
[3] P. Appell, Rendiconti Palermo, XXXIII, 1912, pp. 259—267.
[4] P. Appell, Mémorial des Sc. math, fasc. 1, 1925.
[5] Delassus, Ann. Ec. norm. sup. 1925.
[6] G. Hamel, Math. Ann. **92,** 1924, pp. 33—41.
[7] G. Hamel, Math. Ann. **111,** 1935, pp. 94—97.
[8] G. Hamel, Theoretische Mechanik, Springer 1949.
[9] T. Levi Civita er U. Amaldi, Lez. Mecc. Raz. Bologna, 1927 vol. II, p. II, pp 492 et suiv.
[10] L. Nordheim, Hdb. d. Phys. (H. Geiger u. K. Scheel), Springer 1927, pp. 43—90.
[11] L. Nordheim et E. Fues, ibid., pp. 91—130.
[12] Kerner, Prace **38.**
[13] J. Pérès, Mécanique générale, Masson Paris, 1953.
[14] E. Storchi, Rend. Lincei, XVIII, 1955, pp. 161—165.
[15] O. Bottema, Quart. of applied math, XIII, 1955, pp. 191—192.
[16] V. Vâlcovici, Rend. Lincei, XIX, 1955, pp. 441—448.
[17] V. Vâlcovici, C. R. Paris, **243,** 1956, pp. 1012—1014 et 1096—1098.

BERICHTE ÜBER DIE VERHANDLUNGEN DER SÄCHSISCHEN AKADEMIE DER WISSENSCHAFTEN ZU LEIPZIG

MATHEMATISCH-NATURWISSENSCHAFTLICHE KLASSE

Band 97

Heft 1 Prof. Dr. ERICH STRACK, Beobachtungen über den endogenen Anteil des Kot-Stickstoffs
24 Seiten – 8° – 1949 – DM 2,50 *(vergriffen)*

Heft 2 Prof. Dr. ERNST HÖLDER, Über die Variationsprinzipe der Mechanik der Kontinua
13 Seiten – 8° – 1950 – DM 2,75 *(vergriffen)*

Heft 3 Dr. H. GERSTNER / Dr. H. BAARK / Dr. H. GRAUL, Der Wechselstromwiderstand der Froschhaut
25 Seiten – 8° – 1950 – DM 2,75

Heft 4 Prof. Dr. HERBERT BECKERT, Existenz- und Eindeutigkeitsbeweise für das Differenzenverfahren zur Lösung des Anfangswertproblems, des gemischten Anfangs-, Randwert- und des charakteristischen Problems einer hyperbolischen Differentialgleichung zweiter Ordnung mit zwei unabhängigen Variablen
42 Seiten – 8° – 1950 – DM 9,– *(vergriffen)*

Heft 5 Prof. Dr. HERBERT BECKERT, Über quasilineare hyperbolische Systeme partieller Differentialgleichungen erster Ordnung mit zwei unabhängigen Variablen. Das Anfangswertproblem, die gemischte Anfangs-Randwertaufgabe, das charakteristische Problem
68 Seiten – 8° – 1950 – DM 14,50 *(vergriffen)*

Heft 6 Prof. Dr.-Ing. ENNO HEIDEBROEK, Das Verhalten von zähen Flüssigkeiten, insbesondere Schmierflüssigkeiten, in engen Spalten
Nachdruck – 40 Seiten – 24 Abbildungen – 8° – 1952 – DM 5,80

Heft 7 Prof. Dr. HANS SCHUBERT, Über eine lineare Integrodifferentialgleichung mit Zusatzkern
52 Seiten – 8° – 1950 – DM 9,25 *(vergriffen)*

Heft 8 Dipl. phys. HELMAR KRUPP, Bestimmung der allgemeinen Lösung der Schrödinger Gleichung für Coulomb-Potential
28 Seiten – 8° – 1950 – DM 5,50 *(vergriffen)*

Band 98

Heft 1 Prof. Dr. WALTER SCHNEE, Über magische Quadrate und lineare Gitterpunktprobleme
48 Seiten – 8° – 1951 – DM 4,65 *(vergriffen)*

Heft 2 Prof. Dr.-Ing. ENNO HEIDEBROEK, Über die Beziehungen zwischen Schmierung und Verschleiß bei geschmierter Gleitreibung
Nachdruck – 36 Seiten – 5 Abbildungen – 8° – 1954 – DM 2,75

Heft 3 Prof. Dr.-Ing. e.h. KARL KEGEL, Der Salzstock Mirowo bei Provadia in Bulgarien
26 Seiten – 9 Abbildungen – 8° – 1951 – DM 3,– *(vergriffen)*

Heft 4 Prof. Dr. HERBERT BECKERT, Bemerkungen über die Verbiegung hyperbolisch gekrümmter Flächenstücke
Prof. Dr. HANS SALIÉ, Über Abels Verallgemeinerung der binomischen Formel
22 Seiten – 2 Abbildungen – 8° – 1951 – DM 2,25

Heft 5 Prof. Dr. ERICH STRACK, Die Dauerinfusion als Verfahren zur Erforschung des Kohlenhydratstoffwechsels des Tierkörpers
20 Seiten – 8° – 1952 – DM 2,–

Band 99

Heft 1 Prof. Dr. HEINRICH BRANDT, Über das quadratische Reziprozitätsgesetz
18 Seiten – 8° – 1951 – DM 1,90 *(vergriffen)*

Heft 2 Prof. Dr. GEORG SPACKELER, Der Gebirgsdruck und seine Beherrschung durch den Bergmann
36 Seiten – 12 Abbildungen – 8° – 1951 – DM 1,65 *(vergriffen)*

Heft 3 Prof. Dr. ERNST DIEPSCHLAG, Die Anwendbarkeit der Regelungstechnik in der Hüttenindustrie
38 Seiten – 12 Abbildungen – 8° – 1952 – DM 3,90

Heft 4 Prof. Dr. ALBERT FROMME, Die Bedeutung der Entwicklungsgeschichte, besonders des Mesenchyms für die Klinik
24 Seiten – 8° – 1952 – DM 1,75 *(vergriffen)*

Heft 5 Dr. ROBERT BÖKER, Die Entstehung der Sternsphäre Arats
68 Seiten – 4 Abbildungen – 2 Ausschlagtafeln – 3 Tabellen – 8° – 1952 – DM 5,60

Band 100

Heft 1 Prof. Dr. HEINRICH BRANDT, Über Stammfaktoren bei ternären quadratischen Formen
24 Seiten – 8° – 1952 – DM 2,25

Heft 2 Dr. PAUL GÜNTHER, Zur Gültigkeit des Huygens'schen Prinzips bei partiellen Differentialgleichungen vom normalen hyperbolischen Typus
43 Seiten – 8° – 1952 – DM 5,–

Heft 3 Dr. ALFRED MÜLLER, Die Schaubarkeit in der Axonometrie
22 Seiten – 3 Ausschlagtafeln – 8° – 1952 – DM 3,–

Heft 4 Prof. Dr.-Ing. ENNO HEIDEBROEK, Die Beziehungen zwischen Härte, Schmierung und Verschleißfestigkeit
Nachdruck – 40 Seiten – 10 Abbildungen – 8° – 1954 – DM 3,40 *(vergriffen)*

Heft 5 Prof. Dr. ROBERT SCHRÖDER, Frauenheilkunde in Forschung und Praxis
22 Seiten – 8° – 1952 – DM 1,35

Heft 6 Dr. ROLF REISSIG, Die pandiagonalen Quadrate vierter Ordnung
54 Seiten – 8° – 1952 – DM 5,–

Heft 7 Prof. Dr. MAX ROBITZSCH, Die Erforschung der Atmosphäre, ihre Methodik und ihre Probleme
30 Seiten – 12 Abbildungen – 4 Kunstdrucktafeln – 8° – 1953 – DM 2,50

Band 101

Heft 1 Prof. Dr. KURT SCHWABE, Periodische Erscheinungen bei der anodischen Auflösung des Zinks
33 Seiten – 14 Abbildungen – 8° – 1954 – DM 3,–

Heft 2 Dr. UDO PIRL, Positive Lösungen einer nichtlinearen Integralgleichung
44 Seiten – 2 Abbildungen – 8° – 1953 – DM 4,–

Heft 3 Dr. JOACHIM FOCKE, Asymptotische Entwicklungen mittels der Methode der stationären Phase
48 Seiten – 8° – 2., unveränderte Auflage 1957 – DM 4,80 *(vergriffen)*

Heft 4 Prof. Dr. HANS SALIÉ, Zur Verteilung natürlicher Zahlen auf elementfremde Klassen
26 Seiten – 8° – 1954 – DM 2,50

Heft 5 Prof. Dr.-Ing. ENNO HEIDEBROEK, Die Verantwortlichkeit des Ingenieurs
22 Seiten – 8° – 1954 – DM 1,–

Heft 6 Prof. Dr. HANS SCHUBERT / Dr. ERICH SCHINCKE, Zur Ermittlung von Unterschallströmungen mit der Transformationsmethode bei quadratischer Approximation der Adiabate
32 Seiten – 6 Abbildungen – 2 Tabellen – 8° – 1955 – DM 2,30

Heft 7 Dr. HELMUT SCHAEFER, Neue Existenzsätze in der Theorie nichtlinearer Integralgleichungen
40 Seiten – 8° – 1955 – DM 2,40

Band 102

Heft 1 Dr. PAUL GÜNTHER, Über einige spezielle Probleme aus der Theorie der linearen partiellen Differentialgleichungen zweiter Ordnung
50 Seiten – 8° – 1957 – DM 4,60

Heft 2 Prof. Dr. HANS SCHUBERT / Dr. ERICH SCHINCKE, Zum Konturproblem der Hodographenmethode im Unterschall
26 Seiten – 8° – 1957 – DM 2,20

Heft 3 Prof. Dr. FRANZ RUNGE, Über die Polymerisation ungesättigter organischer Verbindungen
13 Seiten – 1 Tabelle – 8° – 1957 – DM 1,–

Bestellungen durch eine Buchhandlung erbeten

AKADEMIE-VERLAG BERLIN

FSC
www.fsc.org
MIX
Papier | Fördert gute Waldnutzung
FSC® C083411

Zeitfracht Medien GmbH
Ferdinand-Jühlke-Straße 7
99095 Erfurt, Deutschland
produktsicherheit@kolibri360.de